U0169887

陈志田◎主编

舌尖上的中国

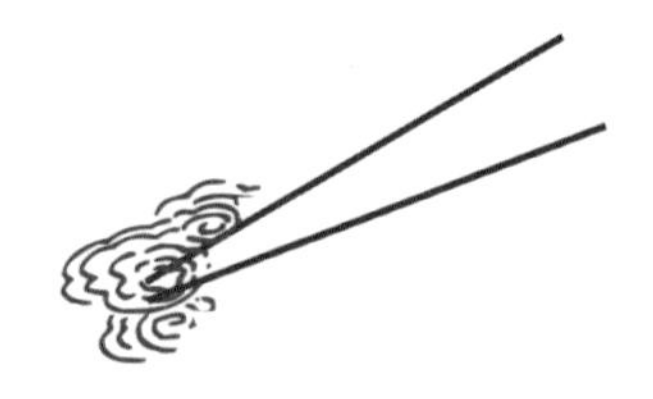

煎·炒·烹·炸·炖，
美食中的“中国功夫”

中国華僑出版社
北 京

图书在版编目（CIP）数据

舌尖上的中国.1,煎·炒·烹·炸·炖，美食中的“中国功夫”/陈志田主编.--北京：中国华侨出版社，2020.8

ISBN 978-7-5113-8265-8

Ⅰ.①舌… Ⅱ.①陈… Ⅲ.①菜谱--中国 Ⅳ.①TS972.182

中国版本图书馆CIP数据核字（2020）第134312号

舌尖上的中国.1，煎·炒·烹·炸·炖，美食中的“中国功夫”

主　　编：陈志田
责任编辑：刘雪涛
封面设计：冬　凡
文字编辑：宋　媛
美术编辑：吴秀侠
经　　销：新华书店
开　　本：880mm×1230mm　1/32　印张：25　字数：570千字
印　　刷：德富泰（唐山）印务有限公司
版　　次：2020年8月第1版　2021年1月第2次印刷
书　　号：ISBN 978-7-5113-8265-8
定　　价：168.00元（全5册）

中国华侨出版社　北京市朝阳区西坝河东里77号楼底商5号　邮编：100028
法律顾问：陈鹰律师事务所
发 行 部：（010）88893001　　传　　真：（010）62707370
网　　址：www.oveaschin.com　　E-mail：oveaschin@sina.com

前 言

p r e f a c e

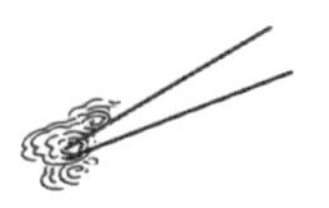

中华饮食文化源远流长，烹饪历史悠久，制作工艺精湛，菜系流派纷呈。一直以来，中国都以“美食大国”享誉世界，不仅各种美味佳肴遍布中国各地，中国菜品更是风行海外。在时间的积淀中，中华美食在选料、口味、制法和风格上形成了不同的区域差异和风格特色。正如林语堂先生所说：“吃在中国无所不在，无往不通。”中国人的吃，不仅是满足胃，而且要满足嘴，甚至还要使视觉、嗅觉皆获得满足。

丰富的美食让中国人大饱口福，但人们对饮食的追求远不止于此。中国人懂吃、爱吃、会吃，也会做。千百年来，他们心甘情愿地把大量的精力倾注于饮食之事中，菜中味、酒中趣、茶中情，无论贫富，不分贵贱，中国人都在饮食之中各得其所，各享其乐。擅长烹饪的中国人，从不曾把自己束缚在一张乏味的食单上，他们怀着对食物的理解，将无限的想象空间赋予各种食材，演绎出无数新的、各具特质的食物。

作为一个普通食客，懂吃固然重要，会做更为关键。如果能够掌握中华美食的制作方法，即便是在家里，也能够尝遍南北大菜、风味小吃。为此，我们精心编写了这套《舌尖上的中国》，为广大美食爱好者提供周到细致的下厨房一站式炮制指南，帮助其在较短的时间内掌握中华经典美食的制作方法，迅速成为烹饪高手。书中精选具有中华特色和代表性的菜肴与风味小吃，分为《煎·炒·烹·炸·炖，美食中的“中国功夫”》《形色、转换的艺术》《火锅和烧烤，舌尖上的味道舞蹈》《倾世名城倾世菜》《主食，花样百变的中国饮食艺术》五册，既有传统大菜，又有美味时蔬；既有饕餮大餐，也有故乡小吃；既有养生靓汤，还有食疗粥煲，几乎囊括中国各地具有代表性的特色美食，将人们关于山珍海味、各式主食、豆制品、腌货腊味和五味调和的美好记忆与制作方法一一道来，让你足不出户也能品尽舌尖上的中国。此外，书中对各类菜品所使用的材料、调料、做法进行了详细介绍，烹饪步骤详略得当，图片精美清晰，读者可以一目了然地了解食物的制作要点，易于操作。即便你没有任何做饭经验，也能做得有模有样、有滋有味。

小舌尖，大中国，尝酸甜苦辣咸，品中国色香味。不用绞尽脑汁，不必去餐厅，自己动手，就能炮制出穿越时空的中华传世美味，热爱美食的你还等什么呢？只要掌握了书中介绍的烹调基础和诀窍，以及分步详解的实例，就能轻松烹调出一道道看似平凡，却大有味道的美味佳肴，让你在家里就能尝尽中华美味。一碗汤喝尽一个时代的味道，一道菜品出半生浮沉的记忆。无论你身在何方，都希望你沿着这份美食攻略，找到熟悉的温暖与感动。

目录

contents

第一章

煎·炒·烹·炸，最家常烹饪方法制作的佳肴

第二章

蒸炖菜，美食中的“中国功夫”

第三章
杂烩，杂乡土之材，烩传世美味

第一章

煎·炒·烹·炸，最家常烹饪方法制作的佳肴

煎的种类

一般日常所说的煎，是指用锅把少量的油加热，再把食物放进去使其熟透，表面呈金黄色乃至微煳。煎的种类有很多种，有干煎、香煎、湿煎、煎炒、酥煎等，下面我们就介绍一些常见的方法。

干煎

干煎是一种比较常用的煎制菜肴的方法。可将小型原料腌渍后拍上面粉直接煎制成菜；或者将原料切成段或扁平的片后，油炸至八成熟或断生定型，再在煎锅中加入调好的水淀粉芡汁煎至芡汁收干、原料入味。

香煎

香煎将原料改刀成形后腌渍入味煎熟成菜，起锅前淋入洋酒，如干红白兰地等，成菜香气四溢。

湿煎

湿煎是对原料进行初步刀工处理成型，加入调料调至入味，用淀粉上浆或拍上干淀粉，用中火煎至定型，再用小火煎熟，以适合的调味汁收汁入味的烹调方法。

煎炒

煎炒是将原料刀工处理后，腌渍入味上浆或拍粉，用小火或中火进行煎制，再烹炒调味至熟的烹调方法。

酥煎

酥煎是将原料腌渍入味，挂酥皮糊后再入存底油的锅中煎制至熟的烹调方法。

怎样炒蔬菜营养损失少

1 蔬菜买回家后不要马上整理

人们习惯把蔬菜买回来后就马上整理。然而，卷心菜的外叶、莴笋的嫩叶、毛豆的豆荚都是活的，它们的营养物质仍在向食用部分，如叶球、笋、豆粒运输，保留它们有利于保存蔬菜的营养物质。整理以后，营养容易损失，菜的品质会下降。因此，不打算马上炒的蔬菜不要立即整理。

2 蔬菜不要先切后洗

对于很多蔬菜，人们习惯先切后洗，其实这样做并不妥当。这种做法加速了营养素的氧化和可溶性物质的流失，使蔬菜的营养价值降低。

正确的做法是：把叶片摘下来清洗干净后，再用刀切成片、丝或块，随即下锅。至于花菜，洗净后，只要用手将一个个绒球肉质花梗团掰开即可，不必用刀切；因为刀切时，肉质花梗团会弄得粉碎而不成形；而肥大的主花茎当然要用刀切开。

3 炒菜时要用旺火快炒

炒菜时先熬油已经成为很多人的习惯了，要么不烧油锅，一烧油锅必然弄得油烟弥漫。实际上，这样做是有害的。炒菜时最好将油温控制在200℃以下，使蔬菜放入油锅时无爆炸声，避免脂肪变性而降低营养价值，甚至产生有害物质。炒菜时用旺火快炒营养素损失少，炒的时间越长，营养素损失就越多。

4 味精要出锅前才放

炒蔬菜时，应等到出锅前再放入味精。因为味精在常温下不易熔解，在 70℃～90℃时熔解最好，鲜味最足，而且味精长时间处于高温状态会至有害毒素分解出来。

5 勾芡也有讲究

炒菜时常常用淀粉勾芡，使汤汁浓厚，淀粉糊包围着蔬菜，有保护维生素 C 的作用。原料表面因裹上一层淀粉，避免与热油直接接触，所以减少了蛋白质的变性和维生素的损失。蔬菜常用的是玻璃芡，也就是水要多一些，淀粉少一些，而且要用淋芡，这样使食材裹携不会太厚。

炒肉的调料、配菜与技巧

1 吃肉不加蒜，营养减半

在动物性原料中，尤其是瘦肉，含有丰富的维生素 B_1，但维生素 B_1 并不稳定，在体内停留的时间较短，会随尿液大量排出。而大蒜中含特有的蒜氨酸和蒜酶，二者接触后会产生蒜素，肉中的维生素 B_1 和蒜素结合就生成稳定的蒜硫胺素，从而提高了肉中维生素 B_1 的含量。此外，蒜硫胺素还能延长维生素 B_1 在人体内的停留时间，提高其在胃肠道的吸收率和体内的利用率。因此，炒肉时加一点蒜，既可解腥去异味，又能达到事半功倍的营养效果。

需要注意的是，蒜素遇热会很快失去作用，因此只可大火快炒，以免有效成分被破坏。另外，大蒜并不是吃得越多越好，每天吃一瓣生蒜（约 5 克重）或是两三瓣熟蒜即可，多吃也无益。大蒜辛温、生热，食用过多会引起肝阴、肾阴不足，从而出现口干、视力下降等症状。

2 猪肉、猪肝宜与洋葱搭配

从食物的作用来看，洋葱性味甘平，有解毒化痰、清热利尿的功效，含有蔬菜中极少见的前列腺素。洋葱不仅甜润嫩滑，而且含有维生素 B_1、维生素 B_2、维生素 C 和钙、铁、磷及植物纤维等营养成分，特别是其中的芦丁成分，能维持毛细血管的正常机能，具有强化血管的作用。

在日常膳食中，人们经常把洋葱与猪肉一起烹调，这是因为洋葱具有防止动脉硬化和使血栓溶解的作用，同时洋葱所含的活性成分能和猪肉中的蛋白质结合，产生令人愉悦的气味。洋葱和猪肉同炒，是理想的酸碱食物搭配，可为人体提供丰富的营养成分，具有滋阴润燥的功效。

洋葱配以明目、益血气的猪肝，可为人体提供丰富的蛋白质、维生素 A 等多种营养物质，具有补虚损的功效。

3 炒肉更鲜嫩的小技巧

淀粉法：将肉片（丝）切好后，加入适量的干淀粉拌匀，静置 30 分钟后下锅炒，可使肉质嫩化，入口不腻。

啤酒法：将肉片（丝）用啤酒加干淀粉调糊挂浆，炒出的肉片（丝）鲜嫩爽口，风味尤佳。

鸡蛋清法：在肉片（丝）中加入适量鸡蛋清搅匀后静置 30 分钟再炒，可使肉质鲜嫩滑润。

白醋法：爆炒腰花时，先在腰花中加适量白醋和水，浸腌 30 分钟，腰花会自然胀发，成菜后无血水，清白脆嫩。

盐水法：可用高浓度的食盐水使冻肉解冻，成菜后肉质特别爽嫩。

苏打法：将切好的牛肉片放入小苏打溶液中浸泡一下再炒，可使之软嫩。

水产怎样炒才好吃

1 水产与葱同炒

水产腥味较重，炒制时葱几乎是不可或缺的。葱是烹调时最常用的一种调味料，用得恰到好处，还是有些不容易的。以葱调味，要视菜肴的具体情况、葱的品种合理使用。一般家庭常用的葱有大葱、青葱，其辛辣香味较重，应用较广，既可作辅料，又可作调味料。把它切成丝、末，增鲜之余，还可起到杀菌、消毒的作用；切段或切成其他形状，经油炸后与主料同炒，葱香味与主料的鲜味融为一体，十分诱人。青葱经过煸炒后，能更加突出葱的香味，是炒制水产时不可缺少的调味料。较嫩的青葱又称香葱，经沸油炸过后，香味扑鼻，色泽青翠，多用来撒在成菜上。

2 炒鳝鱼的诀窍

炒鳝片或炒鳝丝的时候，要用淀粉上浆。但经常会发生浆液脱落的现象，影响烹调质量。这是因为人们习惯在调浆时加盐，而盐会使鳝鱼的肉质收缩，渗出水分，这样就容易导致浆液在油锅中脱落。因此，炒鳝鱼时上浆不必加盐。

3 水产与姜同炒

为了保证水产菜肴鲜美可口，烹饪时一定要将腥味除去。炒水产时加入少许姜，不但能去腥提鲜，而且还有开胃散寒、增进食欲、促进消化的功效。以做螃蟹为例，最好先炒一会儿，等到螃蟹变色再放入姜去腥提味，因为那时螃蟹的蛋白质已经凝固，姜的去腥作用不会受阻，而且还能使螃蟹味道更鲜美。

姜在菜肴中也可与原料同烹同食，姜加工成米粒状，多数是用油煸炒后与主料同烹。以炒蟹粉为例，姜米要先经过油煸炒之后，待香味四溢，再下入主、配料同炒。姜块（片）在火工菜中起去腥的作用，而姜米则用来提香增鲜。

还有一部分菜肴不便与姜同烹，又要去腥增香，用姜汁是比较适宜的。如鱼丸、虾丸，就是用姜汁去腥味的。

4 炒水产时烹入料酒

炒制水产时，一般要使用一些料酒，这是因为酒能解腥生香的缘故。要使料酒的作用充分发挥，必须掌握合理的用酒时间。以炒虾仁为例，虾仁滑熟后，酒要先于其他调料入锅。绝大部分的炒菜、爆菜，料酒一喷入，立即爆出响声，并随之冒出一股水汽，这种用法是正确的。

烹制含脂肪较多的鱼类，加少许啤酒，有助于脂肪溶解，产生脂化反应，使菜肴香而不腻。

5 炒贝类时如何避免出水

贝类本身极富鲜味，炒制时千万不要再加味精，也不宜多放盐，以免鲜味流失。以炒花蛤为例，烹饪前应将其放入淡盐水里浸泡，滴一两滴食用油，让花蛤吐尽泥沙。花蛤炒前最好先氽水，这样炒出来就不会有很多汤水了，也比较容易入味。氽水的时候应注意，花蛤张开口就要马上捞出来，煮太久肉会收缩变老。花蛤下锅炒时动作要快，迅速翻炒匀就可以出锅了，炒久了肉会变老，影响口感。

炒蔬菜的若干个小窍门

1 如何炒青菜

炒冻青菜前不用化冻，可直接放进烧热的油锅里，这样炒出来的菜更可口，维生素损失也少得多。

切青菜最好用不锈钢刀，因为维生素C最忌接触铁器。菜下锅以前，用开水焯一下，可除去苦味。炒熟的青菜不能放太长时间，3小时后维生素C几乎全部被破坏。

炒青菜时，应用开水点菜，这样炒出来的菜才鲜嫩；若用一般水点菜，会影响其爽脆度。

2 炒菜放盐注意事项

如果用动物油炒菜，最好在放菜前下盐，这样可减少动物油中有机氯的残余量，对人体有利。如果用花生油炒菜，必须在放菜前下盐，因为花生油中可能含有黄曲霉菌，而盐中的碘化物，可以除去这种有害物质。为了使炒出来的菜更可口，开始应少放些盐，菜炒熟后再调味。如果用豆油、茶油或菜油炒，则应先放菜、后下盐，这样可以减少蔬菜中营养成分的损失。

3 炒菜放牛奶的神奇功效

炒菜时，如果调味料放多了，加入少许牛奶，能调和菜的味道。

炒花菜时，加入 1 匙牛奶，会使成品更加白嫩可口。

4 哪些蔬菜在炒前要简单处理

苦瓜等带有苦涩味的蔬菜，切好后加盐腌渍一下，滤出汁水再炒，苦涩味会明显减少。菠菜在开水中焯烫后再炒，可去苦涩味和草酸。

黄花菜中含有秋水仙碱，进入人体内会被氧化成二秋水仙碱，有剧毒。因此，黄花菜要用开水烫后浸泡，除去汁水，彻底炒熟才能吃。

5 如何炒出色泽美观的蔬菜

冷冻过的洋葱放入清水中浸泡，可使洋葱复鲜。切好的洋葱蘸点干面粉，炒熟后色泽金黄，质地脆嫩，美味可口。炒洋葱时，加少许白葡萄酒，则不易炒焦。

炒莲藕时，往往容易变黑，若能边炒边加些清水，就会保持成品洁白。

将冻土豆放入冷水中浸泡，然后放入加了 1 汤匙食醋的沸水中，慢慢冷却后，再进行炒制，这样土豆就没有怪味了。炒土豆时，要待变色后再加盐升温；否则，土豆会形成硬皮的汁液与油混在一起，成菜易碎，影响色香味。

在 1 千克的温水中，加入 25 克糖，放入洗切好的蘑菇泡 12 小时。泡蘑菇加糖，既能使蘑菇吃水快，保持香味，又因蘑菇浸入了糖液，炒出来味道更鲜美。

干椒炒花菜

材料

花菜 200 克

调料

盐、味精、姜、干椒、葱各适量

做法

1 花菜洗净，切成小块；干椒切段；姜去皮，切片；葱洗净切圈。

2 锅上火，加油烧热，下入干椒炒香，再加入花菜、姜、葱炒匀，再加少量水，盖上盖稍焖，加盐、味精调味即可。

土豆丝炒芹菜

材料

土豆 300 克，芹菜 200 克，红辣椒 25 克

调料

盐、味精、花椒粒、醋、葱花各适量

做法

1 土豆去皮切丝，放入沸水中焯一下，捞出，用凉水过凉。
2 芹菜择洗净，切段；辣椒洗净，去籽切成丝。
3 油烧热，下花椒粒炸焦，然后捞出扔掉，下葱花、芹菜、红辣椒丝急炒，芹菜呈深绿色时，下土豆丝炒匀，加盐和醋，再炒匀，放入味精，即可出锅。

红椒萝卜丝

材料

白萝卜350克，姜、红椒各5克

调料

料酒10克，盐5克，鸡精2克

做法

1 白萝卜洗净，切丝；姜洗净切丝；红椒洗净，切小片待用。

2 锅加水烧开，白萝卜丝焯水，倒入漏勺滤干水。

3 炒锅上火加入油，油熟后下萝卜丝、红椒片，放入料酒、盐、鸡精等调味料炒匀出锅装盘即可。

煎豆腐

材料

老豆腐 300 克，猪瘦肉 50 克

调料

盐 5 克，老抽 5 克，淀粉 15 克，红椒 1 个，姜片 10 克，葱段 15 克，香油、清汤适量

做法

1 老豆腐洗净，切成厚块；猪瘦肉洗净，切片；红椒切片。

2 平锅烧热放油，下入豆腐块，用小火煎至两面金黄，盛出。

3 锅中再烧油，放入姜片、肉片、红椒片煸出香味；注入清汤，加入豆腐，用中火焖，再调入盐、老抽煮透；用淀粉勾芡，撒入葱段翻匀，淋入香油即可。

西兰花炒面筋

材料

西兰花350克，油面筋200克

调料

蚝油30克，盐2克，味精3克，老抽5克，水淀粉5克

做法

1 将西兰花洗净，掰成小朵，入沸水中焯熟，待用。

2 油面筋洗净，下入油锅中炒4分钟，至熟软，加蚝油、老抽、盐、味精翻炒至入味，最后以水淀粉勾芡，出锅装盘，以西兰花围边即可。

酸辣藕丁

材料

莲藕 400 克，小米椒 20 克，泡椒 20 克

调料

盐 4 克，鸡精 1 克，陈醋 10 克，香油 5 克

做法

1 将莲藕清洗净泥沙，切成小丁后，放入沸水中稍烫，捞出沥水备用。
2 将小米椒、泡椒洗净切碎备用。
3 锅上火，加入油烧热，放入小米椒、泡椒炒香，加入莲藕丁，加入盐、鸡精、陈醋、香油等调味料，炒匀入味即可。

南瓜炒百合

材料

南瓜、百合各 300 克

调料

青椒、红椒各 15 克，盐 3 克

做法

1 南瓜去皮，洗净，切成小片；百合洗净；青椒、红椒去蒂去籽，洗净，切成块。
2 锅倒水烧沸，倒入百合焯熟后捞出待用。
3 锅倒油烧热，放入南瓜翻炒至快熟后，再加入百合、青椒、红椒同炒，加入盐，稍炒即可出锅。

什锦小炒

材料

红腰豆100克，玉米粒300克，青豆100克，胡萝卜50克，葡萄干20克

调料

盐2克，味精1克，糖少许，植物油适量

做法

1 红腰豆洗净，煮熟备用；玉米粒、青豆、葡萄干分别洗净沥干；胡萝卜洗净去皮，切成丁。

2 锅中倒油烧热，下入玉米粒、青豆炒熟，加入红腰豆和葡萄干翻炒。

3 加盐、糖和味精，炒至入味即可。

胡萝卜炒蛋

材料

鸡蛋 2 个，胡萝卜 100 克

调料

植物油 30 克，盐 5 克，香油 20 克

做法

1 胡萝卜洗净，削皮切末；鸡蛋打散备用。

2 锅置火上，入油烧热，放入胡萝卜末炒约 1 分钟。

3 加入蛋液，炒至半凝固时转小火炒熟，加盐调味，起锅装盘即可。

白果烩三珍

材料

牛肝菌、竹荪、上海青各 150 克，白果 50 克

调料

盐 3 克，鸡精 1 克，淀粉 5 克

做法

1 牛肝菌、竹荪分别泡发，洗净切片；白果洗净；上海青洗净，烫熟摆盘；淀粉加水拌匀。

2 油烧热，入牛肝菌、竹荪、白果炒熟。

3 下盐和鸡精调味，用水淀粉勾芡，出锅倒在上海青中间即可。

椒麻鲫鱼

材料

鲫鱼400克，干椒15克，花椒10克

调料

植物油30克，盐3克，味精2克，葱5克，姜6克

做法

1 鲫鱼去鳞洗净，在背部剞上花刀。
2 葱洗净，切段；姜洗净，切片。
3 鲫鱼加葱、姜、盐、味精腌渍入味。
4 锅置火上，入油烧至七成热，下入鲫鱼油炸。
5 待鲫鱼炸至八成熟，捞出沥油。
6 锅置火上，入油烧热，下入干辣椒，煸出香味。
7 再加入葱段、花椒、姜片炒香。
8 最后放入鲫鱼煸炒入味，起锅装盘即可。

金牌小炒肉

材料

五花肉300克，豆角150克

调料

豆瓣酱、朝天椒、盐、糖、料酒各适量

做法

1 五花肉洗净，切薄片；豆角洗净，切段；姜洗净切片；朝天椒洗净切段。

2 热锅烧油，将肉片放入，煎至发黄变软捞出。

3 下油炒蒜、姜和辣椒，倒入肉片，加豆瓣酱、盐、糖、料酒炒匀即可。

酸白菜炒肉丝

材料

里脊肉100克，粉丝30克，蛋清适量，酸白菜半棵，辣椒1个

调料

盐5克，香油5克，淀粉少许，高汤100克，葱15克

做法

1 里脊肉、酸白菜、辣椒均洗净切丝，葱洗净切段，粉丝浸冷水泡软。

2 肉丝加蛋清和淀粉拌匀，锅中放入油烧至七成热，放入肉丝滑油至变色，立即捞起；锅中再注油烧热，放入葱段爆香，加入酸白菜丝、盐和高汤拌炒均匀。

3 再放入肉丝、辣椒丝、粉丝拌炒至汤汁略收，淋入香油即可出锅。

蒜香汁爆爽肚

材料

猪肚 500 克，青菜 300 克，蒜蓉 20 克

调料

盐 4 克，味精 2 克，烧汁 50 克，淀粉适量

做法

1 将猪肚洗净，用淀粉、盐稍腌后，洗净，切成片状备用。

2 青菜清洗干净炒熟，置于盘底。

3 锅上火，油烧热，爆香蒜蓉，倒入烧汁，加入肚片，调入盐、味精，炒至肚片熟，盛出放于青菜上即成。

小炒顺风耳

材料

熟卤猪耳 300 克，韭菜薹 200 克

调料

红椒 20 克，料酒、生抽各 5 克，糖 6 克

做法

1 猪耳切成薄片；韭菜薹洗净，切段；红椒去蒂，洗净，切斜圈。

2 油烧热，放入红椒炒香后，放入猪耳翻炒，烹入料酒炒香，加入韭菜薹炒至断生。

3 加入生抽、糖翻炒至上色后，装盘即可。

辣炒卤牛肉

材料

卤牛肉350克，青椒、红椒各50克

调料

盐3克，生抽4克，料酒3克，鸡精2克

做法

1 卤牛肉切薄片；青椒、红椒洗净，沥干切丝。

2 锅中注油烧热，下青椒、红椒爆香，再放入牛肉煸炒，调入生抽和料酒翻炒。

3 加盐和鸡精炒至入味即可出锅装盘。

风味羊腿

材料

羊腿1只，蒜片、干辣椒丝、葱丝、香菜段各10克，胡萝卜丝100克

调料

盐5克，味精、鸡精各2克，淀粉适量

做法

1 将羊腿洗净，放入锅中加清水煮熟烂，取出，切块备用。

2 将羊腿块拍上淀粉，放入热油锅中炸至金黄色，捞出备用。

3 锅内留底油，放入蒜片、干辣椒丝、葱丝炒香，放入胡萝卜丝，加入盐、味精、鸡精、羊腿块炒匀，撒上香菜段出锅即可。

爆炒羊肚丝

材料

羊肚300克，姜10克，洋葱15克，葱10克，蒜10克，青、红椒各15克

调料

花椒3克，味精1克，酱油5克，盐5克，白糖少许，干辣椒10克

做法

1 羊肚洗净，葱、姜、蒜洗净切片，洋葱、青椒、红椒均洗净切丝。
2 羊肚入锅煮熟后切丝，再入油锅炸香后捞出，葱、姜、蒜、花椒炒香，加入洋葱、干辣椒、青椒、红椒爆炒。
3 再下入羊肚丝，调入盐、味精、白糖、酱油，炒入味即可。

碧螺春鸡柳

材料

碧螺春茶10克，蟹肉50克，鸡肉100克，鸡蛋1个

调料

清鸡汤1袋，盐5克，胡椒粉5克，淀粉少许

做法

1 将蟹肉、鸡肉洗净后切成片状，过油；碧螺春泡10分钟；鸡蛋打散。

2 锅内注少许油，倒入蟹肉、鸡肉、蛋液翻炒均匀，再加入清鸡汤、盐、胡椒粉调味。

3 打薄芡出锅，撒碧螺春茶叶于菜面上即可。

香辣鸡翅

材料

鸡翅 400 克，干椒 20 克，花椒 10 克

调料

盐 5 克，味精 3 克，红油 8 克，卤水 50 克

做法

1 将鸡翅洗净，放入烧沸的油中，炸至金黄色捞出。

2 鸡翅放入卤水中卤至入味。

3 锅中加油烧热，下入干椒、花椒炒香后，放入鸡翅，加入调味料炒至入味即可。

菠萝鸡丁

材料

鸡肉 100 克，菠萝 300 克，鸡蛋液适量

调料

酱油、料酒、水淀粉、糖、盐各适量

做法

1 菠萝切成两半，一半去皮，用淡盐水略腌，洗净后切小丁待用；另一半菠萝挖去果肉，留做盛器。

2 鸡肉洗净切丁，加酱油、料酒、鸡蛋液、水淀粉、糖、盐拌匀上浆。

3 锅中油烧热，放入鸡丁炒至八成熟时，放入菠萝丁炒匀，盛入挖空的菠萝中即可。

蛋丝银芽

材料

鸡蛋 3 个，豆芽 300 克，红辣椒 1 个，葱 2 根

调料

盐 5 克，胡椒粉 5 克，鸡精 3 克，香油 6 克

做法

1 将鸡蛋打散，加少许盐；红辣椒洗净，切丝；葱洗净切花；豆芽洗净，备用。

2 油烧热，入鸡蛋液，摊成蛋饼，煎至金黄色后，盛起，切成鸡蛋丝。

3 留底油，下入豆芽和红椒丝，炒熟后，调入盐、鸡精、胡椒粉和香油，起锅，盛入盘中，盖好鸡蛋丝，撒上葱花即可。

野山菌炒鲜贝

材料

野山菌、鲜贝肉各 250 克，红椒 50 克

调料

盐 4 克，料酒 8 克

做法

1 鲜贝肉洗净；红椒洗净，切条；野山菌洗净，去根部备用。

2 油锅烧热，放鲜贝肉，烹料酒，滑熟捞出；另起油锅，放野山菌翻炒。

3 炒至八成熟时，放入鲜贝肉、红椒炒匀，加盐调味，装盘即可。

徽式双冬

材料

上海青 30 克，冬笋 250 克，冬菇 150 克，火腿 10 克

调料

盐 5 克，味精 5 克

做法

1 上海青洗净改刀，一分为二；冬笋洗净改刀为片；冬菇洗净去蒂；火腿切块。

2 改刀以后的原料放在一起焯水，然后入油锅爆炒。

3 起锅前加调味料入味即可。

蚝汁扒群菇

材料

平菇、口蘑、滑子菇、金针菇各 100 克

调料

青椒、红椒各 10 克，盐 3 克，料酒 10 克，蚝油 15 克

做法

1 平菇、口蘑、滑子菇、金针菇均洗净，焯烫；青椒、红椒洗净切片。

2 油烧热，下料酒，将菇类炒至快熟时，加入盐、蚝油翻炒入味。

3 汁快干时，加入青、红椒片稍炒后，加入盐、味精调味即可。

野山椒牛肉

材料

牛肉300克，野山椒100克

调料

植物油30克，盐2克，味精2克，酱油5克，干辣椒30克

做法

1 牛肉洗净，切丝；野山椒洗净；干辣椒洗净，切圈。

2 锅置火上，入油烧热，放入牛肉丝炒至发白。

3 加入野山椒、干辣椒一起拌匀。

4 炒至熟后，加入盐、味精、酱油调味，起锅装盘即可。

椒丝河鱼干

材料

河鱼干 300 克，彩椒适量

调料

饴糖、醋、白酒、葱、姜、蒜各适量

做法

1 河鱼干洗净沥干，彩椒洗净切丝，姜、蒜、葱洗净切米。
2 锅中入油烧热，放入河鱼干炸酥，捞出沥油备用。
3 锅中留油，爆香姜、蒜、葱，再下入彩椒丝和河鱼干炒匀，加饴糖、醋、白酒调入调味料，炒入味即可。

水豆豉爆鲜鱼

材料

鱼肉500克，水豆豉50克，上海青200克

调料

盐、黄椒、青椒、料酒、姜、蒜各适量

做法

1 姜、蒜洗净，切片；鱼肉洗净切成片，用盐、料酒、姜蒜片腌渍；黄椒、青椒洗净切末；上海青洗净，焯水。

2 锅中入油烧热，将鱼片滑入锅，快速熘炒，取出沥油。

3 锅中再放油，爆香蒜片、水豆豉、辣椒末，加入料酒烧开，淋在鱼片上，上海青摆盘即可。

双椒炒鲜鱿

材料

鱿鱼 500 克，青、红椒各 100 克，葱段 15 克

调料

盐 1 克，白糖、生抽、淀粉各适量

做法

1 将鲜鱿鱼切开洗净，切成小段，用开水焯一下；青、红椒去蒂去籽分别洗净切块，再用水焯至三成熟，捞出沥水。

2 烧锅下油，将葱段在锅中炒香，加入鲜鱿鱼、青椒块、红椒块，翻炒 30 秒。

3 加入盐、白糖、生抽等调味料翻炒均匀，用淀粉勾芡即可。

南瓜墨鱼丝

材料

墨鱼、嫩南瓜各200克，姜丝、红椒各5克

调料

绍酒10克，盐5克，鸡精2克，淀粉少许

做法

1 将墨鱼洗净，切丝；南瓜去皮，切丝；红椒洗净切丝待用。
2 炒锅置火上，下油烧热，放入姜丝、红椒丝炒香。
3 加入墨鱼丝、南瓜丝炒熟，调入调味料炒入味，勾芡出锅装盘即可。

飘香鱿鱼花

材料

鱿鱼 300 克，麻花 100 克

调料

盐 3 克，味精 1 克，生抽、青椒、红椒各少许

做法

1 鱿鱼洗净，打上花刀，再切块；麻花掰成条；青椒、红椒洗净，切片。

2 锅内注油烧热，放入鱿鱼炒至将熟，加入麻花炒匀。

3 再加入青椒、红椒炒至熟，加入盐、生抽、味精调味，起锅装盘即可。

甜粟蜜豆炒虾腰

材料

甜粟、虾仁各 300 克，荷兰豆 500 克，红椒 50 克

调料

盐 3 克，鸡精 20 克，白糖 30 克

做法

1 甜粟去头尾，切件；荷兰豆去头尾，洗净切段；红椒洗净去籽切片；虾仁洗净。

2 荷兰豆、甜粟、虾仁分别过沸水焯烫，捞出沥水备用。

3 油烧热，炒香红椒片，放入甜粟、荷兰豆、虾仁炒至半熟，加入盐、鸡精、白糖等调味料，再炒至熟即可出锅。

姜葱炒花蟹

材料

姜 20 克，蒜 10 克，葱 100 克，花蟹 3 只

调料

鸡精 2 克，淀粉 5 克，白糖 3 克

做法

1 姜去皮切片；葱留葱白切段；蒜去皮切末；花蟹壳切开，前爪斩断后对半切开。

2 净锅上火，倒入油，放备好的花蟹，加姜片、葱段，炸至花蟹香熟，捞出沥油。

3 锅内留油，爆香姜片、蒜末、葱段，倒入花蟹略炒，放水煮沸，调入白糖、鸡精炒匀，再用淀粉勾芡即可。

青红椒炒虾仁

材料

虾仁 200 克，青椒 100 克，红椒 100 克，鸡蛋 1 个

调料

味精、盐、胡椒粉、淀粉各适量

做法

1 青椒、红椒洗净，切丁备用；鸡蛋打散，搅拌成蛋液。

2 虾仁洗净，放入鸡蛋液、淀粉、盐味腌渍入味。

3 油锅烧热，下入虾仁过油。

4 锅内留油少许，下青、红椒炒香，再放入虾仁翻炒入味，起锅前放入胡椒粉、味精、盐调味即可。

九寨香酥牛肉

材料

牛肉 250 克，鸡蛋 2 个

调料

盐 3 克，红椒、葱各 20 克，豆豉 25 克，面包糠、淀粉各适量

做法

1 将牛肉洗净，切片，加盐腌渍入味；鸡蛋洗净，打匀，拌入淀粉搅成鸡蛋糊；红椒、葱洗净，切碎；豆豉洗净。

2 将牛肉放入鸡蛋糊中拌匀，裹上面包糠。

3 锅中烧热适量油，放入牛肉炸熟，最后撒上红椒、葱、豆豉即可。

风味羊排

材料

羊排 500 克

调料

干辣椒 20 克，盐 3 克，淀粉 10 克，胡椒粉 3 克

做法

1 羊排洗净，切成长段，汆水沥干；干辣椒洗净切碎。
2 羊排用盐、胡椒粉、淀粉拌匀腌渍入味。
3 锅中倒油烧热，倒入羊排，炸到金黄色捞出装盘。
4 锅中倒油烧热，下干辣椒炒香，再倒入羊排一起翻炒均匀即可。

干炸小黄鱼

材料

小黄鱼适量，鸡蛋 30 克

调料

盐 3 克，味精 1 克，料酒 30 克，淀粉 15 克，面粉 35 克

做法

1 小黄鱼剖肚去内脏洗净，用料酒、盐、味精腌渍入味。

2 将鸡蛋、面粉、淀粉搅拌均匀成面糊，下入小黄鱼挂上面糊。

3 锅中倒油烧热，放入小黄鱼炸至鱼身两面呈金黄色，捞出控油后即可食用。

辣椒炸仔鸡

材料

鸡肉300克，干红辣椒30克，花生仁50克

调料

葱10克，盐3克，酱油、水淀粉、五香粉各适量

做法

1 鸡肉洗净，切块，加盐、酱油腌渍片刻后，与水淀粉、五香粉混合均匀备用；干红辣椒、花生仁均洗净；葱洗净，切段。

2 锅下油烧热，入鸡肉炸熟，捞出控油。

3 另起油锅，入花生仁炸至酥脆后，放入干红辣椒、炸好的鸡块炒匀，装盘，撒上葱段即可。

煎乳酪鲭鱼

材料

鲭鱼250克，洋葱60克，乳酪块30克，高汤、青椒各适量

调料

盐2克，大蒜5克，番茄酱、胡椒粉各适量

做法

1 鲭鱼洗净，切成四块，用盐、胡椒粉调好味。
2 将调好味的鲭鱼腌渍15分钟。
3 洋葱、大蒜均洗净，切末，入锅炒片刻后，再放入番茄酱稍翻炒，倒入高汤、盐、胡椒粉做成酱汁。
4 青椒洗净，去籽，切圈；乳酪切末。
5 腌好的鲭鱼入锅煎至两面金黄。
6 把酱汁涂抹在鲭鱼上，并放上青椒圈和乳酪末，用微波炉加热至乳酪熔化，熟后取出即可。

韭菜炒香干

材料

韭菜段 150 克，香干条 120 克

调料

姜片、干红椒、盐、酱油、香油、鸡精各适量

做法

1 炒锅加油烧热，倒入香干，加酱油、盐，炒出香味后，捞出沥干油。

2 将锅中底油烧热，放入姜片、干红椒，爆出香味，再放入韭菜，炒至熟，倒入香干。

3 再翻炒 30 秒，放入鸡精、香油炒匀即可出锅装盘。

第二章 · 蒸炖菜，美食中的『中国功夫』

做好蒸菜的诀窍

蒸的器具很多，有木制蒸笼、竹制蒸笼，形状可大可小，层次可多可少，可根据原料多少调节。蒸菜时，必须注意分层摆放，汤水少的菜放在上面，汤水多的菜放在下面，淡色菜放在上面，深色菜放在下面，不易熟的菜放在下面，易熟的菜放在上面。要做好蒸菜，必须注意以下关键点：

1 原材料要新鲜

因为蒸制时原料中的蛋白质不易溶解于水中，调味品也不易渗透到原料中，故而最大限度地保持了原汁原味。所以必须选用新鲜原料，否则口味会受影响。

2 调好味

调味分为基础味和补充味，基础味是在蒸制前使原料入味，浸渍加味的时间要长，且不能用辛辣味重的调味品，否则会抑制原料本身的鲜味。补味是蒸熟后加入芡汁，芡汁要咸淡适宜，不可太浓。

3 粉蒸须知

采用粉蒸法时，原料质老的可选用粗米粉，原料质嫩的可选用细米粉。

4 掌握蒸菜的火候与时间

根据烹调要求和原料老嫩来掌握火候。用旺火沸水速蒸适用于质嫩的原料，要蒸熟不要蒸烂，时间为 15 分钟左右。对质地粗老，要求蒸得酥烂的原料，应采用旺火沸水长时间蒸，时间为 3 小时左右。原料鲜嫩的菜肴，如蛋类等应采用中小火慢慢蒸。

炖菜的种类与技巧

炖是指将原料加汤水及调味品，旺火烧沸后，转中小火长时间烧煮成菜的烹调方法。

1 炖的种类

（1）不隔水炖

不隔水炖法是将原料在开水中烫去血污和腥膻气味，再放入陶制的器皿内，加入葱、姜等调味品和适量水，加盖，直接放在火上烹制成菜。

（2）隔水炖法

隔水炖法是将原料在沸水中烫去腥污后，放入瓷制、陶制的器皿内，加葱、姜、料酒等调味品与汤汁，用纸封口，将钵放入水锅内，盖紧锅盖，使之不漏气。

（3）垮炖

垮炖是将挂糊过油预制的原料放入砂锅中，加入适量汤和调料，烧开后加盖用小火进行较长时间加热，或用中火短时间加热成菜的技法。

2 炖的技巧

（1）调味

原料在炖制开始时，大多不能先放咸味调味品。特别不能放盐，如果盐放早了，盐的渗透作用会严重影响原料的酥烂，延长成熟时间。

（2）原料的处理

选用以畜禽肉类等为主料，加工成大块或整块，不宜切小切细，但可制成蓉泥，制成丸子状。

（3）加水

炖时要一次加足水，中途不宜加水掀盖，否则会影响菜品的口感。

佛手芽白

材料

大白菜适量

调料

盐3克，醋5克，红椒5克，香油6克

做法

1 大白菜洗净，切成条状；红椒洗净切碎。

2 将大白菜装盘，摆成佛手状。

3 在盘中放入盐、醋，撒上红椒上蒸笼蒸至熟，淋上香油即可。

鲜贝素冬瓜

材料

鲜贝 30 克，豌豆 10 克，冬瓜 300 克，蛋清 5 克

调料

盐 3 克，红椒 2 克，淀粉 10 克

做法

1 鲜贝洗净，切丁；冬瓜洗净，去皮切块；豌豆洗净；红椒洗净切丝。

2 冬瓜排入盘中，撒上鲜贝、豌豆和红椒；淀粉加入水拌匀，倒入蛋清搅散搅匀，倒在冬瓜上。

3 整盘放入蒸锅，隔水大火蒸约 15 分钟至熟即可。

花生蒸猪蹄

材料

猪蹄 500 克，花生米 100 克，红椒 10 克

调料

盐 5 克，酱油 5 克

做法

1 猪蹄洗净，砍成段；花生米洗净；红椒切片。
2 将猪蹄入油锅中炸至金黄色后捞出，盛入碗内，加入花生米，用酱油、盐、红椒拌匀。
3 再上笼蒸 1 小时至猪蹄肉烂离骨即可。

葡萄干土豆泥

材料

土豆 200 克，葡萄干适量

调料

蜂蜜少许

做法

1 把葡萄干放入温水中泡软后切碎。
2 把土豆洗干净后去皮，然后放入容器中上锅蒸熟，趁热做成土豆泥。
3 将土豆做成泥后与碎葡萄干一起放入锅内，加入适量水，用微火隔水蒸，熟时加入蜂蜜即可。

红果山药

材料

山药 300 克，山楂 200 克

调料

桂花蜂蜜 25 克，白糖 10 克

做法

1 山药去皮，洗净，切段，入锅蒸熟。
2 将蒸熟的山药放入搅拌机中，捣烂。
3 待山药捣成泥状时，取出装入盘内。
4 山楂洗净，去核，摆在山药旁。
5 锅置火上，烧热，放入白糖、桂花蜂蜜、少量水熬成浓稠汁。
6 将味汁淋在山药和山楂上即可。

高汤海味奶白菜

材料

奶白菜400克，腊肉50克，竹笋50克，香菇20克，虾仁20克

调料

高汤适量

做法

1 奶白菜洗净沥干，竖切成4瓣，装盘；腊肉洗净切片；香菇泡发，洗净切块；虾仁泡发洗净；竹笋洗净，切丝。

2 将腊肉、香菇、虾仁、竹笋摆在奶白菜上，再将高汤均匀浇在盘中。

3 将盘子放入蒸锅蒸8分钟即可。

糯米蒸排骨

材料

糯米 100 克，排骨 300 克

调料

盐 2 克，酱油 3 克，蒸肉粉 20 克

做法

1 糯米洗净，浸泡后沥干；排骨洗净剁块，抹上盐腌渍入味。

2 糯米中倒入酱油、蒸肉粉拌匀，将排骨均匀地粘上糯米。

3 将粘好糯米的排骨放在盘中，入蒸锅蒸熟即可取出摆盘。

湘蒸腊肉

材料

腊肉 300 克

调料

热油 20 克，干辣椒、豆豉各 10 克，葱、醋、盐各 5 克，鸡精 1 克

做法

1 腊肉洗净，蒸熟。

2 将腊肉切成薄片。

3 切好的腊肉一一摆入蒸盘中。

4 干辣椒洗净，切段；豆豉切碎；葱洗净，切段。

5 锅置火上，下油烧热，放入干辣椒、豆豉炒香。

6 调入盐、鸡精、醋炒匀，与热油一起均匀倒在腊肉上。

7 将装有腊肉的蒸盘放入蒸锅内，蒸 40 分钟即可。

8 端出蒸盘，撒上葱段即可。

京华卤猪蹄

材料

猪蹄 1000 克

调料

盐、料酒、酱油、冰糖、花椒、八角、桂皮、高汤各适量

做法

1 猪蹄洗净，剁成块，入开水中汆去血水，捞出备用。

2 油锅烧热，下入冰糖、花椒、八角、桂皮，放入猪蹄炒一下后盛出，再放入蒸笼大火蒸烂，取出装盘。

3 起锅放入高汤、酱油、盐、料酒煮开，淋在猪蹄上即可。

味菜蒸大肠

材料

猪大肠300克，酸菜100克，橄榄菜20克

调料

青、红椒各30克，盐3克，豆豉10克

做法

1 猪大肠洗净切段，抹上盐腌渍入味；酸菜切段；青椒、红椒分别切碎。

2 腌好的猪大肠用清水略加冲洗，放入盘中，加入酸菜、橄榄菜、青椒、红椒、豆豉和盐拌匀。

3 放入蒸锅，大火蒸约20分钟，至熟即可。

金针菇腌肉卷

材料

金针菇 150 克，腌肉 100 克，油菜 150 克

调料

盐 3 克，植物油适量

做法

1 将金针菇洗净；腌肉洗净，切薄片；油菜洗净。

2 将金针菇放入腌肉中，卷好，再放入油菜，调入盐、油拌匀。

3 锅中烧热水，将菜放入锅中蒸熟即可。

咸肉冬笋蒸百叶

材料

咸肉、冬笋、豆皮各 300 克，香菇 100 克

调料

鸡精、胡椒粉、盐、水淀粉、香油各适量

做法

1 咸肉切薄片；冬笋洗净，切片，焯烫；豆皮洗净，打结，入开水焯烫后捞出；香菇去蒂，泡发洗净，放开水焯烫后捞出。

2 冬笋片、豆皮结装盘，上面盖上咸肉片，放上香菇，加入油、鸡精、胡椒粉、盐和水，放入蒸锅蒸约 10 分钟后取出。

3 用水淀粉勾薄芡，淋上香油即可。

粉蒸肉

材料

五花肉 500 克，青豆 50 克，大米粉 75 克

调料

植物油 30 克，盐 3 克，腐乳汁、醪糟汁、豆瓣酱各 15 克，汤 300 毫升，花椒、姜、葱、酱油各 5 克，白糖、糖色各 10 克

做法

1 青豆淘洗干净，滤干。

2 葱、姜、蒜剁成细末。

3 猪肉刮洗干净，切成夹刀片。

4 酱油、腐乳汁、醪糟汁、白糖、盐、葱姜末、花椒末、豆瓣酱、糖色放进深碟中拌匀。

5 将肉片皮向下逐片放入碗底，摆整齐。

6 把青豆倒进步骤 4 中的汤汁里，将汤汁倒入肉片中。

7 再将肉碗中放入大米粉，加入少许汤搅拌均匀。

8 肉碗上笼隔水蒸约 2 小时，扣进碟中即可。

招牌羊肉丸

材料

羊肉 350 克，油菜 200 克

调料

葱 100 克，红辣椒粉 10 克，盐、胡椒粉各 3 克，红糖 15 克

做法

1 羊肉洗净，剁碎；葱洗净，切碎；油菜洗净，入沸水焯烫后捞出，装盘。

2 羊肉泥、葱花拌匀成馅，加入红辣椒粉、盐、胡椒粉调味，挤成丸子状，装盘，入蒸锅蒸熟后取出。

3 炒锅中倒油烧热，倒入红糖炒成汁，淋在羊肉丸上即可。

剁椒蒸乳鸭

材料

乳鸭 500 克，红剁椒 20 克

调料

葱、蒜各 5 克，红油、盐、醋各 3 克，酱油 4 克，料酒少许

做法

1 乳鸭宰杀洗净，剖成两半，剁成大块，用料酒、盐、酱油、醋抹匀腌渍入味，排入盘中摆放成形。

2 葱、蒜洗净切碎，加红油拌匀，与剁椒一起淋在摆好的乳鸭上。

3 整盘放入蒸锅，大火蒸约 25 分钟至熟即可。

腊肉蒸豆干

材料

腊肉 300 克，豆干 100 克

调料

盐 3 克，味精 2 克，葱白、香菜各 30 克

做法

1 腊肉洗净，切片；豆干洗净，切片，排于盘中；香菜洗净，切段；葱白洗净，切碎。

2 将腊肉置于盘中的豆干上，撒上葱白、香菜，加盐、味精拌匀，放入蒸锅中蒸 30 分钟。

3 出锅即可食用。

豆豉蒸鳕鱼

材料

鳕鱼 1 片，豆豉 10 克

调料

姜 1 小块，小葱 1 棵，料酒适量，盐 3 克

做法

1 鱼片洗净，擦拭干水，抹上盐腌渍，装入盘内。

2 姜、葱洗净，皆切细丝。

3 将豆豉均匀撒在鱼片上，再撒上葱丝、姜丝，淋上料酒。

4 锅中加水煮开，放入鱼盘，隔水大火蒸 6 分钟即可。

芋头大白菜

材料

芋头 350 克，大白菜 300 克

调料

盐 3 克，味精 2 克，胡椒粉 2 克，淀粉 10 克，香油 5 克，鲜汤 50 克

做法

1 芋头去皮，洗净，用挖球器挖成球状；大白菜择洗干净。

2 将大白菜与芋头一起装盘，放入蒸锅中隔水蒸 25 分钟，至熟后取出。

3 将盐、味精、胡椒粉、香油、淀粉等调味料一起入锅中炒匀，起锅淋在菜上即可。

奶汤蒸芋头

材料

芋头 300 克，火腿 250 克，圣女果 200 克，油菜 200 克

调料

牛奶 50 克，白糖 6 克

做法

1 芋头去皮，洗净；火腿切片；圣女果洗净；油菜洗净，焯水。

2 芋头入蒸锅蒸 15 分钟后，用勺挖成圆形待用。

3 锅倒水烧沸，放入芋头、火腿煮至熟后，转小火，倒入圣女果、油菜同煮，然后加入牛奶、白糖煮沸即可。

百花酿香菇

材料

香菇 200 克，虾仁 150 克，胡萝卜 15 克

调料

高汤 15 克，料酒、淀粉各 10 克，盐 3 克，白胡椒粉 5 克

做法

1 虾仁洗净后用刀拍扁剁碎；胡萝卜洗净，切碎；香菇去蒂，用水泡软。虾仁拌入碎胡萝卜、料酒、盐、白胡椒粉、淀粉打至起胶。

2 香菇中酿入虾仁，放入锅中蒸 10 分钟。

3 另起锅，倒入高汤煮滚，加盐，勾芡后倒在香菇上即可。

同安封肉

材料

五花肉 100 克，香菇、虾仁、干贝各 50 克

调料

植物油 30 克，糖、酱油、排骨酱各 5 克，盐 3 克，冰糖 10 克，高汤适量

做法

1 将五花肉切成方正块状，再打上十字花刀。
2 锅置火上，入油烧热，放入肉块稍炸一下，将肉皮炸至微黄起锅。
3 将调味料全放入锅中拌匀，放入炸好的肉块卤至入味，备用。
4 圆盆里放入香菇、虾仁、干贝，再将卤好的肉扣在上面，上蒸笼蒸至酥烂后出锅即可。

小肚粉蒸肉

材料

五花肉200克，猪肚、糯米粉各50克，夹馍适量

调料

植物油30克，青椒、红椒、料酒、老抽各10克，五香粉、葱花、盐各5克，鸡精2克

做法

1 五花肉洗净，切成片。

2 用料酒、老抽、盐腌渍，用加入了温水的糯米粉和五香粉拌匀。

3 青、红椒洗净，切丁；锅置火上，倒入适量油烧热，放入肉片和青椒、红椒丁拌炒。

4 将猪肚处理干净，用老抽、盐、料酒拌匀，腌渍15分钟。

5 在猪肚里装入五花肉馅儿。

6 将五花肉灌满猪肚，封口。

7 入蒸锅，蒸熟；撒青椒丁、红椒丁、葱花；夹馍蒸熟，装盘即可。

圣女鱼丸

材料

鱼丸 300 克，油菜 30 克，圣女果 50 克

调料

盐 2 克，鸡汤、淀粉各适量

做法

1 鱼丸洗净沥干；油菜洗净，焯熟，捞出摆放在盘中；圣女果洗净，摆在每个油菜的间隔中。

2 鱼丸放入盘中，淀粉加水和盐拌匀，浇在鱼丸上，放入蒸锅蒸约 10 分钟至熟。

3 将蒸好的鱼丸倒在油菜和圣女果中间即可。

蒜蓉墨鱼仔

材料

墨鱼仔 450 克

调料

蒜 30 克，剁椒、葱各 15 克，盐 3 克，料酒适量

做法

1 墨鱼仔洗净，下入沸水中汆熟后捞出，沥干水分；蒜去皮，洗净，剁成蓉；葱洗净，切碎备用。

2 墨鱼仔装盘，放入蒸锅蒸 7~8 分钟后，取出。

3 锅中倒油烧热，下入蒜蓉炒出香味后分别倒在墨鱼仔上，并放上剁椒、葱花即可。

鲜虾芙蓉蛋

材料

鲜虾 50 克，鸡蛋 150 克

调料

盐 1 克，酱油、香菜各 3 克

做法

1 鲜虾洗净，切去头部，剥壳留尾壳；鸡蛋加水打散成蛋液备用。

2 蛋液加盐和酱油及适量水拌匀，放入鲜虾。

3 放入蒸锅中大火蒸约 8 分钟至熟，出锅撒上香菜即可。

美极牛蛙

材料

牛蛙 200 克

调料

剁椒 35 克，酱油、醋、香油、葱各 10 克，盐、味精各 3 克

做法

1 牛蛙处理干净，切段，用盐、味精、酱油、醋腌 15 分钟；葱洗净切末。

2 牛蛙装盘，铺上剁椒，淋上香油，上锅蒸熟。

3 取出，撒上葱花即可。

炖牛肚

材料

牛肚 300 克

调料

小茴香 3 克，料酒、酱油各 5 克，醋、盐各 3 克，花椒适量

做法

1 牛肚洗净，放入沸水中略煮片刻，取出，剖去内皮，用凉水洗净，沥干水分后，切成长方块备用。

2 小茴香、花椒装入纱布袋备用。

3 锅上加水烧热，放入牛肚条、调料袋，加入酱油、料酒、醋、盐，炖至牛肚熟烂，取出药袋即成。

蒜蓉蒸蛏子

材料

蛏子 700 克，粉丝 300 克，蒜头 100 克

调料

生抽 6 克，鸡精 2 克，盐 4 克，葱花 15 克，香油适量

做法

1 蛏子对剖开，洗净；粉丝用温水泡好；蒜头去皮，剁成蒜蓉备用。
2 油锅烧热，放入蒜蓉煸香，加生抽、鸡精、盐炒匀，浇在蛏子上，再将粉丝也放在蛏子上。
3 撒上葱花，淋上香油，入锅蒸 3 分钟即可。

蒸刁子鱼

材料

浏阳刁子鱼 50 克

调料

姜粒、蒜粒各 10 克，盐、老干妈豆豉酱各 5 克，味精 2 克

做法

1 刁子鱼处理干净，装入盘中。
2 调入老干妈豆豉酱、蒜粒、姜粒、盐、味精拌匀。
3 蒸锅上火，放入刁子鱼，蒸熟即可。

红烧肉

材料

带皮五花肉500克，干山楂片适量

调料

植物油30克，豆豉、大料、桂皮、冰糖各10克，生姜、葱头、干辣椒各50克，盐3克，老抽5克，腐乳汁5毫升，蒜瓣30克，肉汤适量

做法

1 五花肉焯水后捞出，皮刮干净，滤干，切成方块。

2 将五花肉块与八角、桂皮、姜、冰糖一起放入碗中，上笼蒸至八成熟。

3 锅置火上，入油烧热，将肉放入锅内，小火炸成焦黄色时捞出，控干油。

4 锅内烧油，分别放入豆豉、葱头、生姜、八角、桂皮、干辣椒炒香，下入肉块，翻炒。

5 加入肉汤，下精盐、冰糖、老抽、腐乳汁，用小火慢慢煨1个小时。

6 煮至肉酥烂时，下蒜瓣稍煨后收汁，即可出锅。

砂锅豆腐

材料

海参、鱿鱼、虾仁各 50 克，白菜、火腿各 100 克，豆腐 300 克，粉丝 30 克

调料

盐 3 克，葱末 2 克

做法

1 海参洗净切片；鱿鱼、白菜、火腿分别洗净切片，打上花刀；虾仁洗净；豆腐洗净切块；粉丝泡发后沥干。
2 锅中倒水烧热，下入海参、鱿鱼、虾仁、白菜、火腿、豆腐、粉丝炖煮熟。
3 加盐调味，出锅撒上葱末即可。

黄豆炖猪蹄

材料

黄豆 200 克，猪蹄 300 克，生菜 20 克

调料

葱花、黄豆酱各 3 克，生抽、老抽各适量，冰糖 2 克，茴香 1 克

做法

1 猪蹄洗净剁大块，入沸水汆熟备用；黄豆、生菜分别洗净沥干。

2 锅中倒油烧热，下入猪蹄，加生抽、老抽、黄豆酱翻炒上色，加入黄豆、冰糖和茴香，倒入适量水，焖煮至汁水将干即成。

3 生菜洗净，垫在碗底，倒入黄豆猪蹄，撒上葱花即可。

侉炖墨鱼仔

材料

墨鱼仔 250 克，油菜 150 克

调料

盐 3 克，蚝油适量

做法

1 将墨鱼仔、油菜洗净。

2 将墨鱼仔、油菜放入炖盅，调入油、盐、蚝油，拌匀。

3 锅中水烧热，然后放入炖盅炖，将原料炖熟即可。

虾油猪蹄

材料

猪蹄 500 克

调料

酱油、醋、虾油、盐各 5 克，味精 2 克

做法

1 猪蹄洗净，切成小块。

2 锅置火上，加入水烧热，放入猪蹄汆烫，捞出，沥干水分，装入盘中。

3 调入盐、酱油、醋、虾油，放入蒸锅，蒸熟取出即可。

川式清蒸鲜黄鱼

材料

黄鱼 400 克，肉末 10 克

调料

植物油 30 克，盐 3 克，酱油、辣椒油各 5 克，干红椒、酸菜、葱各 30 克，料酒 10 克

做法

1 黄鱼处理干净，加盐、料酒腌渍入味。
2 酸菜洗净，切碎；干红椒洗净，切段；葱洗净，切花。
3 锅置火上，入油烧热，加酸菜稍炒后，盛出。
4 再热油锅，入黄鱼炸至金黄色。
5 放入干红椒炒香。
6 注入适量清水烧开。
7 调入盐、酱油、辣椒油拌匀，并撒入葱花。
8 将鱼盛出，置于酸菜上即可。

鲍汁鹅掌扣刺参

材料

刺参1条，鹅掌1只，西兰花2朵，西红柿1个，鲍汁200克

调料

盐2克，味精3克，白卤水200克

做法

1 刺参洗净，入水中炖4小时后取出，去肠洗净装盘。
2 鹅掌洗净入白卤水中卤30分钟后取出装盘。
3 西兰花洗净入沸水中焯熟。
4 用西兰花和西红柿洗净切成两半摆盘，鲍汁中加入盐、味精，勾芡，淋在盘中即可。

第三章 • 杂烩，杂乡土之材，烩传世美味

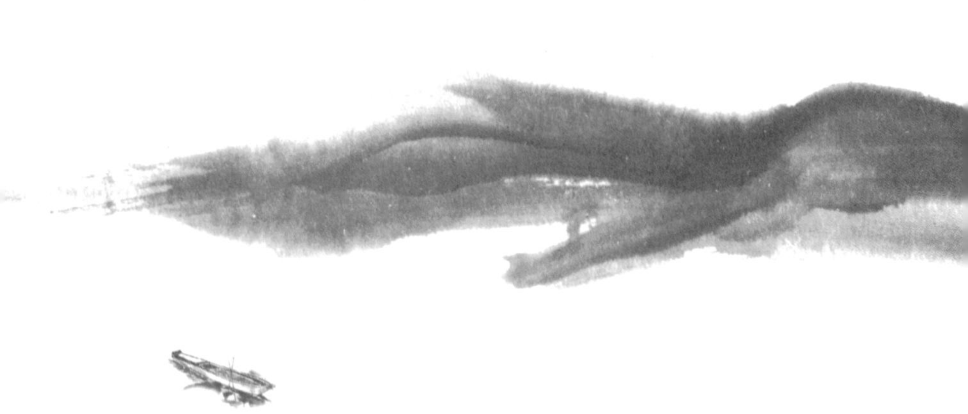

猪内脏的清洗及烹饪

猪内脏的清洗和烹饪，并不是一件简单的事。由于大部分猪内脏都含有异味或者毒素，因此，处理不好绝对会影响到菜的口感，甚至影响人体健康。

猪心

猪心通常有一股异味，如果处理得不好，菜肴的味道就会大打折扣。因此，猪心买回来后，应立即在面粉中“滚”一下，放置1小时左右，然后用清水洗净。清洗猪心的时候，要不停地用手挤压，将残留在血管中的血块挤出来。另外，将猪心剥去薄皮，加入牛奶浸泡一段时间，也可以很好地除去异味。

猪心常用于炒制，但不能炒得过久，否则就不鲜嫩了。

猪肺

猪肺作为猪的排毒器官之一，含有较多的毒素和脏东西，所以一定要处理干净了再食用。一般的处理方法是，先灌水拍打洗出肺泡里的血水和泡沫，再切成块煮去泡沫，这种洗法适合用于做汤的猪肺。猪肺用于炒制时，一般都是切片的，如果洗完猪肺直接切片下水煮，就很容易把猪肺煮脱水缩小，这样就毫无口感可言了，但如果煮的时间不够，肺组织间的泡沫又不能煮出来。较好的处理方法是，将猪肺煮至泡沫不再溢出或者很少泡沫溢出，这大概需要20分钟，具体时间应根据猪肺的大小调整。这样猪肺里面的大部分泡沫都可煮出来，但是又没完全熟，这时捞出猪肺切片，再下水煮片刻将剩下的泡沫煮出来，这样炒出来的猪肺口感非常好。

具体操作：第一步，拍打和挤压猪肺的过程重复两到三次就可以了，不用洗到发白，因为还有后面的两步处理，完全可以将猪肺处理干净。第二步，利用猪肺受热内部压力增大的方法将里面的泡沫赶出，煮的过程中一定要全程保持水处于沸腾状态，煮到顺着喉管溢出的泡沫很少或者没有泡沫即可，不要将猪肺煮至收缩。第三步，猪肺切片后要冷水下锅，慢慢随着水温的升高将猪肺里剩余的脏东西煮出来，开锅后煮一会儿就可以马上过清水捞出了，这样才能保证猪肺的口感。

烹饪中加入花椒、生姜、料酒都可以去腥。

猪肝

猪肝有一种特殊的异味，烹制前先要用水将肝血洗净，然后剥去薄皮，放入盘中，加适量牛奶浸泡几分钟，猪肝的异味即可清除。另外，一定要将猪肝的筋膜除去，否则不易嚼烂和消化。

猪肝要现切现做，新鲜的猪肝切开后，放置时间一长胆汁就会流出，不仅流失养分，而且炒熟后会有许多颗粒凝结在猪肝上，影响外观和口感。因此，猪肝切片后应迅速用调料和水淀粉拌匀，并尽早下锅。烹饪时不宜炒得太嫩，以免有毒物质残留其中，诱发疾病。

猪腰

猪腰的清洗，关键是去除腰臊味。具体做法：第一，清洗好外表；第二，将猪腰平放在刀板上，用平刀将猪腰的横截面剖开，可见到白色的细管子和周围颜色较深的组织，这些都是臊味的源头，要用刀或剪刀将其去掉，然后冲洗干净，泡在水里。做菜之前，改刀后在开水里汆一下，再洗净血水即可。也可以在猪腰切片后，用葱姜汁泡约 2 小时，期间换两次清水，泡至腰片发白膨胀即可。

猪腰在烹饪时不宜久煮，以免口感过老，影响味道。

猪肠

猪肠在清洗前，要先将其翻过来，把里面的油脂及脏东西全部去除干净。处理猪肠的方法有很多种：

①在泡猪肠的水中加些食醋和一汤匙明矾，搓揉几遍，再用清水冲洗数次，即可清洗干净。

②清洗前加些食盐和碱，可减少其异味。

③将猪肠放在淡盐、醋混合液中浸泡片刻，摘去脏物，再放入淘米水中泡一会儿，然后在清水中轻轻搓洗几遍即可。

④用酸菜水洗猪肠，只需两次，其腥臭味便可基本消除。

⑤用面粉及醋分别洗几遍即可。

⑥把猪肠放入淘米水中搓洗前，用半罐可乐腌半小时，能迅速洗去猪肠的异味。

⑦将猪肠翻卷过来，将洗净的葱结捣碎，按照葱结和猪肠 1∶10 的比例放在一起搓揉，直至无滑腻感时，再反复用水冲洗，异味即除。

烹饪猪肠前通常会先将其切成 10 厘米左右的段，放在开水里煮透。时间一般要超过半个小时，才能把猪肠煮到酥软。千万不要把生猪肠直接扔在锅里炒，这样做出来的猪肠很难嚼烂。

最常见的麦穗腰花的切配与烹饪

猪腰的营养价值颇高，但要选择好的猪腰、切好腰花才能烹饪出绝味猪腰。这里为你详尽讲述麦穗腰花的切配与烹饪，让你也能做出美味的麦穗腰花。

1 腰花的切配

麦穗腰花是餐桌上的常见菜品。切配和烹制麦穗腰花，技术性很强，刀功火候都需要真功夫，技术不精或稍有疏忽，往往难以做成功。原料的质量对菜肴的成败至关重要，要做好麦穗腰花，先要选好料，猪腰以色泽微黄者为佳，紫红色的血多，不如微黄色的味正、质脆。

选好料后，即可着手进行切配。其方法是：用平刀法把猪腰从中间一剖两半，再用左手自猪腰两头向中间挤一挤，使中间鼓起，突出腰臊，将其片净，并在清水里蘸一下，目的是使刀口面光滑易剞。剞时一般要顺长横剞，采用坡刀法，刀距为 3.5 ～ 4 毫米，进刀深度为猪腰厚度的 3/4，与猪腰的夹角应为 45°～ 50°。用坡刀剞花纹，斜度越大、夹角越小，花纹就越长、越是赏心悦目；反之，花纹就短，不够美观。剞完坡刀，要把猪腰横过来，顺长直刀剞猪腰厚度的 4/5，刀距为 3 毫米。不论横剞或顺剞，都要硬着手腕，使刀距的深浅、宽窄均匀一致，这是保证成菜形态美观的关键。

猪腰剞好后，改刀成长 4 厘米、宽 1.5 厘米的块，用水清除上面的黏液，取净布轻轻把水搌干，再根据烹调的需要，决定上浆、挂糊或直接烹制。

2 腰花的烹饪

腰花的烹调有两个关键：一是油温要恰到好处，二是烹制时间尽量短。制作麦穗腰花，一般采用油熟法，即过油至熟。过油时，油温应掌握在六七成热。油温过低，原料不易熟，势必延长过油时间，使腰花变老；油温太高，腰花中的蛋白质遇热后快速凝结，表面焦硬，会失去脆嫩口感。麦穗腰花从下锅烹制到出锅装盘，一般不能超过 30 秒钟，过油的时间不能超过 4 秒钟，断生滤油即可。采用对芡汁调味的方法可缩短正式烹调时间，使成菜脆嫩滑爽，是较为理想的烹饪方法。

牛百叶的选购

毛肚也称百叶肚，俗称牛百叶，其实就是牛的瓣胃。牛是反刍动物，与其他家畜不同，其最大的特点是有四个胃，分别是瘤胃、网胃（蜂巢胃）、瓣胃（百叶胃，俗称牛百叶）和皱胃。牛百叶还分两种，吃饲料长大的牛百叶发黑，吃粮食长大的牛百叶发黄。新鲜的牛百叶，表面是黑色的；白色的牛百叶是漂过的，是冷冻食品。

1 怎样选购牛百叶

新鲜的牛百叶，色泽浅黄且带有光泽，质地坚实而有弹性，表面黏液较多。牛百叶应选颜色深的，因为颜色浅的可能是用烧碱（氢氧化钠）漂白过的。牛百叶挑选很有讲究，宜选又软又实、摸起来有弹性、不烂、闻之无刺鼻味的。

2 如何鉴别牛百叶的质量

鉴别牛百叶时要注意，特别白的牛百叶是用双氧水、甲醛泡过三四天的。有些不法商贩在制作水发产品时，先用工业烧碱浸泡，以增加其体积和重量，然后按比例加入甲醛、双氧水，稳固其体积与重量，并使其保持表面新鲜和有光泽。

用工业烧碱泡制的牛百叶，个体饱满，看起来非常水灵，使用甲醛可使毛肚吃起来更脆，口感更好。双氧水能腐蚀人的胃肠，导致胃溃疡。长期食用被这些有毒物质浸泡的牛百叶，会患上胃溃疡等疾病，严重时可致癌。因此，如果牛百叶非常白，超过其应有的白色，而且体积肥大，应避免购买。用甲醛泡发的牛百叶，会失去原有的特征，手一捏就很容易碎，加热后会迅速萎缩，应避免食用。

鉴别牛百叶质量的方法是：在小玻璃杯中加入少许牛百叶，用水浸泡后夹出，倾斜玻璃杯，沿杯壁小心加入少许浓硫酸，使液体分成两层，不要混合。如果在液面交界处出现紫色环，就证明该牛百叶中掺有甲醛。

羊肚的营养功效及清洗

羊肚为牛科动物山羊或绵羊的胃。它既可以入菜又有进补的功效，那么，具体的功效你了解吗？同时，很多人都觉得羊肚非常难处理，不知道怎样清洗才好，下面将一一为你解答这些难题。

1 羊肚的营养功效

羊肚性味甘温，可补虚健胃，改善虚劳不足、手足烦热、尿频多汗等症，特别适合在寒冷的冬季食用。

据相关专家介绍，每 100 克羊肚约含水分 84 克，蛋白质 7.1 克，脂肪 7.2 克，碳水化合物 1.2 克，灰分 0.5 克，钙 34 毫克，磷 93 毫克，铁 1.4 毫克，硫胺素 0.03 毫克，核黄素 0.21 毫克，尼克酸 1.8 毫克，营养十分丰富。

2 羊肚的清洗

羊肚是羊内脏中的佳品，由于内壁皱褶很多，需要认真清洗。怎么才能把羊肚清洗干净，同时羊肚中的营养成分不会流失？常用的方法是：

①在每个胃囊上开一小口，将其翻过来，先用盐、碱反复搓洗，以去除黏液。

②用清水彻底清除内物，直至洗净为止。

③烹制前可在放有花椒的开水中烫一下。

鹅肠的选购与烹饪

鹅肠是近几年来比较常用的烹饪原料，它具有鲜、嫩、脆、爽的特点。许多人都喜欢吃鹅肠，但是鹅肠处理的方法不对，煮得过熟便会失去韧性，从而影响了鹅肠正常的味道。本篇详细介绍了鹅肠的选购及烹饪技巧，让你轻松地提高烹饪技艺。

1 鹅肠的选购

鹅肠具有益气补虚、温中散血、行气解毒的功效，口感又好，故许多人都喜欢吃鹅肠。

选购鹅肠时，以颜色呈乳白、外观粗厚的为佳。鹅肠最好现买现吃，不要冷冻，经过冷冻的鹅肠口感不再爽脆。

鹅肠虽美味，但如果处理方法不对，就会影响口感。千万不要为了去除腥味，用盐或醋使劲揉搓，然后用清水冲洗，这样容易破坏鹅肠的内膜组织，使其脂肪和水分流失，鹅肠就会变韧，失去爽脆口感。

正确的方法是：将鹅肠放入清水中浸泡一段时间，使鹅肠吸水膨胀，用小刀将污秽刮去，再洗净，如脂肪多可撕去。

2 鹅肠的烹饪

鹅肠洗净后，切段，脱水，必须沥干水再炒，且先将配料炒熟，再放入鹅肠迅速翻炒，立即勾芡，这样炒出来的鹅肠非常爽脆，又不会有一大碟水，令人食之回味。如果烹饪白灼鹅肠，可以先用适量的食用碱水腌一下，使其略变松软，然后灼熟进食。

醉腰花

材料

猪腰 550 克，生菜丝 100 克

调料

绍酒 10 克，生抽 5 克，老抽 5 克，醋少许，味精 2 克，蚝油、葱花各适量，蒜泥 10 克，胡椒粉、麻油各少许

做法

1 猪腰去腰臊，切成梳子花刀，漂洗净。
2 猪腰放入沸水汆至断生捞起，用纯净水冲凉。
3 将所有调味料调匀，配制成醉汁。
4 将腰花放入容器，浇入醉汁，用生菜丝围边即可。

红椒脆肚

材料

猪肚250克，红椒、蒜薹各适量

调料

盐3克，生抽、红油各5克，姜片少许

做法

1 猪肚洗净，汆入沸水锅5分钟，捞起过凉，切圈；红椒洗净，切段；蒜薹洗净，切长段。

2 净锅注油，下姜片、红椒翻炒片刻，下入猪肚、蒜薹炒熟。

3 加盐、生抽、红油调味，入盘即可。

茶树菇炒猪肚

材料

猪肚 150 克，茶树菇 100 克，红椒少许

调料

盐、酱油各适量，水淀粉 15 克

做法

1 猪肚洗净，切片；茶树菇洗净，浸水泡发，撕成细条；红椒洗净，切条。

2 油锅烧热，下入猪肚炒出油，放入茶树菇、红椒，倒少许清水，炒熟。

3 加盐、酱油炒匀，用水淀粉勾芡，入盘即可。

玉米炒猪心

材料

玉米150克，猪心1个，葱1根，青豆50克

调料

盐3克，生抽、红油各5克，姜少许

做法

1 猪心切丁，葱洗净切段，姜去皮切片，青豆入沸水中焯5分钟，取出沥水。

2 锅中注水烧开，放入猪心丁稍煮，捞出。

3 油烧热，爆香葱、姜，调入料酒，下入玉米、猪心、盐、糖、生抽，清水煮开，慢火煮片刻，下入青豆煮开，勾芡，淋入香油即可。

椒盐猪大肠

材料

猪大肠 400 克

调料

植物油 30 克，盐 3 克，味精 1 克，酱油 15 克，青椒、干辣椒各 50 克，花椒 3 克

做法

1 猪大肠洗净，剪开切片。
2 青椒洗净，切片；干辣椒洗净，切段；花椒洗净。
3 油锅烧热，下干辣椒炒香。
4 放入猪大肠炒至变色，再放入青椒、花椒炒匀。
5 炒至熟后，加入盐、味精、酱油调味，起锅装盘即可。

九转腊肠

材料

腊肠 400 克

调料

盐 3 克，酱油、豆瓣酱各适量，葱少许

做法

1 腊肠洗净，切段，在盘中码放整齐；葱洗净，切花。

2 将盘放入蒸锅，上火蒸熟取出。

3 锅烧热，倒入适量清水，将盐、酱油、豆瓣酱调成味汁，淋入盘中，撒上葱即可。

丰收肥肠

材料

肥肠150克，红、青椒片各20克，干辣椒段15克

调料

盐2克，酱油4克，蒜9克，水淀粉、芹菜梗适量

做法

1 肥肠洗净，切段，裹上水淀粉。

2 油锅烧热，下入肥肠炸至金黄色，捞起沥油；锅底留少许油，下入干辣椒、蒜炝香，倒入肥肠、芹菜梗和红、青椒，炒熟。

3 加盐、酱油调味，入盘即可。

剁椒口条

材料

腊猪舌 350 克，红椒 5 克，熟花生米、熟芝麻各少许

调料

盐、醋、鸡精各适量，香菜 10 克

做法

1 腊猪舌洗净，切成大小均匀的薄片；香菜洗净，切段。
2 将腊猪舌整齐排放盘中，上蒸锅蒸熟，取出。
3 油锅烧热，加盐、醋、鸡精调成味汁，淋在猪舌上，放上红椒、熟花生米、熟芝麻，撒入香菜即可。

酱汁猪尾

材料

猪尾 350 克，泡椒少许

调料

盐、酱油、卤水各适量

做法

1 猪尾洗净，斩件；泡椒洗净，备用。

2 锅入水，放入酱油、卤水烧开，下入猪尾卤熟，捞出冷却，摆放盘中。

3 净锅注油，放入泡椒，加盐调味，淋在猪尾上即可。

耳目一新

材料

猪耳150克，魔芋80克，青椒、红椒各适量

调料

盐2克，鸡精、姜末、蒜末各适量

做法

1 猪耳洗净，入水汆熟，捞出晾凉，切成小条。
2 魔芋洗净，切片后改花刀；青椒、红椒分别洗净切丝。
3 油锅注油烧热，入姜末、蒜末爆香后加入青椒、红椒、魔芋、猪耳翻炒5分钟。
4 待熟，加盐、鸡精调味即可。

拌牛舌

材料

牛舌 200 克，胡萝卜、香菜各适量

调料

盐 3 克，麻辣酱 20 克

做法

1 牛舌洗净，入清水锅中煮熟，切成薄片；胡萝卜洗净，切片；香菜洗净切段。

2 将切好的牛舌与胡萝卜、香菜一起放入盘中。

3 加盐、麻辣酱调匀，即可食用。

红烧牛蹄

材料

牛蹄 500 克，上海青 200 克

调料

盐 3 克，味精 2 克，醋 8 克，酱油 15 克

做法

1 牛蹄洗净，切块，入锅中煮至断生；上海青洗净，用沸水焯熟后，捞起排于盘中。

2 锅内注油烧热，放入牛蹄翻炒，调入盐，并烹入醋、酱油，注水焖煮。

3 至汤汁收浓时，加入味精调味，起锅装入排有上海青的盘中即可。

小炒牛筋

材料

牛筋 250 克，蒜薹段 50 克

调料

盐、胡椒粉、酱油、水淀粉、红椒圈各适量

做法

1 牛筋洗净切块，加水煮至八成烂时取出。

2 油锅烧热，下红椒爆香，再放入牛筋炒片刻，放蒜薹同炒。

3 调入盐、酱油炒匀，用水淀粉勾芡，撒上胡椒粉即可。

水晶羊杂

材料

羊杂、毛豆、红椒丝、生菜、鱼胶粉、芝麻各适量

调料

葱花、味精、姜丝、盐各适量

做法

1 将羊杂洗净改刀，入水汆熟，捞出放入锅中与毛豆同炒，加油、盐、味精调味，再下入鱼胶粉煮溶。

2 羊杂放冰箱中冷却凝结，取出切块与洗净的生菜一起装盘；撒上葱花、姜丝、红椒丝、芝麻即可。

干锅羊杂

材料

羊杂 2000 克，蒜苗 20 克

调料

料酒、红油、泡椒、大蒜、豆瓣酱各 10 克，盐 3 克

做法

1 羊杂洗净切碎；大蒜去皮，洗净待用；蒜苗洗净，切段。

2 油锅烧热，放入红油、泡椒、大蒜、豆瓣酱、蒜苗，小火爆香。

3 放入羊杂炒熟，烹料酒，加盐，用水焖 30 分钟，装入干锅即可。

香辣爆鸡胗

材料

鸡胗150克，西兰花200克，青、红椒片70克

调料

盐4克，酱油、料酒各10克

做法

1 鸡胗洗净，切块；西兰花洗净，切成小朵，放入沸盐水中，烫熟后捞出。
2 油锅烧热，放辣椒爆香，入鸡胗煸炒至水分全干。
3 加入料酒焖2分钟，放盐、酱油调味，盛入盘中，摆上西兰花即可。

干锅肥肠

材料

肥肠400克，干辣椒适量

调料

植物油30克，香油、盐、鸡精各3克，青椒、红椒各50克，辣椒油、葱、大蒜各30克，高汤300毫升

做法

1 肥肠处理干净，切圈。
2 将青、红椒去蒂，洗净切片；蒜去皮；葱洗净切段；干辣椒洗净切段。
3 锅置火上，入油烧热，下肥肠过油备用。
4 另起锅，入油烧热，放入干辣椒、蒜炒香。
5 放入肥肠炒至八成熟。
6 下青、红辣椒，翻炒至熟。
7 调入盐、味精、高汤、香油、辣椒油，加入葱。
8 将所有材料炒匀入味，起锅装盘即可。

碧绿鲍汁鸡肾

材料

鲍汁 80 克，鸡肾 250 克，西兰花 200 克

调料

鸡精 3 克，盐 2 克，老抽 5 克，料酒适量

做法

1 鸡肾洗净，切十字花刀；西兰花洗净，掰成朵，入沸水中焯水，捞出摆盘。

2 锅烧热，放鸡肾爆炒熟后，捞出盛盘；锅中再加油烧热，下鲍汁、鸡精、老抽、盐、料酒炒匀，淋在盘中鸡肾上即可。

串烤鸡皮

材料

鸡皮120克，柠檬30克

调料

盐2克，胡椒粉、生抽、孜然粉各适量

做法

1 鸡皮洗净，切块，加盐、胡椒粉、生抽稍腌备用。
2 将腌好的鸡皮穿在竹签上，上火烤制，烤制中多翻转鸡皮串，刷上油以免烤焦，加两次孜然粉和盐。
3 柠檬榨汁，浇在鸡皮串上即可。

风味鸡心

材料

鸡心 300 克

调料

盐 2 克，黄酒 10 克，姜末、豆豉酱、葱段、白糖各适量

做法

1 将鸡心的气管摘除，洗净淤血，用水冲至发白，倒入黄酒拌匀，腌渍 15 分钟去腥，用牙签串好。

2 锅中注清水烧热，鸡心入锅汆至七分熟捞出；另起油锅烧热，下姜末和豆豉酱爆香，迅速倒入鸡心和葱段，翻炒。

3 放盐和白糖调味，起锅装盘即可。

喜庆年糕凤冠

材料

年糕200克，鸡冠200克

调料

干辣椒20克，香油10克，盐5克，味精3克

做法

1 年糕切成小薄片，鸡冠洗净，一起放入开水中焯熟，捞起沥干水。

2 干辣椒洗净切椒圈，锅烧热下油，下椒圈和其他调味料，爆香，制成味汁。

3 将味汁淋于年糕、鸡冠上即可。

藕丁鸡脆骨

材料

鸡脆骨 350 克，莲藕 150 克，熟芝麻少许

调料

红辣椒 50 克，盐 5 克，淀粉 8 克，香油 6 克，葱段 20 克

做法

1 莲藕去皮，洗净，切丁；鸡脆骨洗净，入油锅中炸至金黄。

2 红辣椒洗净，切粒。

3 油锅烧热，炒香红辣椒，放入脆骨，加入盐、葱段翻炒，用淀粉勾芡，撒上熟芝麻，淋入香油即成。

凉拌鸡筋

材料

鸡筋 180 克，芹菜段、胡萝卜丝、木耳、熟白芝麻各适量

调料

盐 1 克，味精、姜、蒜、料酒、醋各适量

做法

1 鸡筋泡发洗净，入锅中汆水后浸入冷水；木耳泡发洗净，入沸水汆熟后切丝；姜洗净去皮切丝。

2 锅注油烧热，下入姜、蒜煸香，入料酒、盐、味精、醋，制成味汁。

3 将鸡筋、芹菜、胡萝卜丝、木耳置于盘中，加味汁拌匀，撒上熟白芝麻即可。

野山椒烹鸭胗

材料

野山椒、鸭胗各 150 克，青椒、红椒各 10 克

调料

盐、味精各 4 克，生抽、香油各 10 克

做法

1 野山椒、青椒、红椒洗净，去籽，切小片；鸭胗洗净，切成小片，入沸水中汆一下。

2 炒锅上火，加油烧至六成热，下鸭胗煸炒，放入野山椒、青椒、红椒炒香。

3 加盐、味精、生抽、香油调味，翻炒均匀，盛入盘中即可。

脆炒鸭肚

材料

莴笋、黄瓜、胡萝卜各 60 克，鸭肚 150 克

调料

盐、味精各 4 克，酱油 10 克

做法

1 莴笋去皮，切片，焯水；黄瓜洗净，切片，焯水；胡萝卜洗净，切丝；鸭肚洗净，切丝。

2 莴笋入沸水中焯水，捞出沥干水分。

3 油锅烧热，下鸭肚爆香，加胡萝卜丝、盐、味精、酱油炒匀。

4 将莴笋、黄瓜摆在盘中，倒入鸭肚、胡萝卜丝即可。

豆豉煸鸭舌

材料

鸭舌 300 克，红、青椒各适量

调料

豆豉酱 20 克，生抽 4 克，盐 3 克

做法

1 鸭舌洗净，切段；红、青椒均洗净，切条。

2 油锅烧热，下鸭舌炒至七成熟，放入红、青椒，翻炒至熟。

3 加豆豉酱、生抽、盐调味，起锅入盘即可。

水晶鸭舌

材料

鸭舌 300 克，海蜇 250 克，豌豆、枸杞各适量

调料

盐、味精各适量

做法

1 鸭舌洗净，剔出鸭舌骨；海蜇泡发洗净，切成丝；豌豆洗净；枸杞洗净，泡发。

2 锅入水烧开，下入鸭舌、海蜇、豌豆煮熟，捞出，加盐、味精拌匀。

3 将鸭舌、海蜇、枸杞、豌豆分别放入若干个椭圆形的容器内，注上水，放入冰箱冰镇成块，取出，摆盘即成。

绝味鸭脖

材料

鸭脖400克，熟芝麻少许

调料

盐、醋、酱油、辣椒油、香油、香菜各适量

做法

1 鸭脖洗净，切段，用盐、香油腌渍待用；香菜洗净。
2 锅内注水烧沸，放入鸭脖汆熟后，捞起沥干并装盘。
3 再加入盐、醋、酱油、辣椒油、香油拌匀，撒上香菜、熟芝麻即可。

风味鸭头

材料

鸭头 350 克

调料

盐、酱油、黄酒、白糖、青椒末、红椒末、姜末各适量

做法

1 鸭头洗净，用盐、酱油、黄酒、白糖、姜末腌渍 3 小时。
2 油锅烧热，放入鸭头翻炒至熟，再加少许水焖至水干时，捞出排盘。
3 青椒末、红椒末入油锅炒熟，淋在鸭头上即可。

秘制去骨鸭掌

材料

鸭掌 180 克，水发木耳 100 克

调料

盐、味精各 4 克，香油、酱油、葱段、辣椒各 10 克

做法

1 鸭掌剥去外皮，用沸水煮熟，脱骨并去掌筋，切块。

2 水发木耳洗净，摘蒂，撕小块。

3 油锅烧热，入鸭掌爆香，下木耳炒熟，加葱段、辣椒炒匀。

4 再放入盐、味精、香油、酱油调味，炒匀盛盘即可。

双白鸭掌

材料

鸭掌 300 克，银耳、白萝卜各 100 克，花瓣少许

调料

盐 3 克，生抽 10 克

做法

1 鸭掌洗净，拆去骨头；银耳泡发洗净，摘成小朵；白萝卜去皮洗净，切片；花瓣洗净。

2 油锅烧热，下鸭掌翻炒至变色后，加入银耳、白萝卜炒匀。

3 再加入盐、生抽炒至熟后，撒上花瓣，起锅装盘即可。

韭菜炒鸭血

材料

鸭血 250 克，韭菜 100 克，黄豆芽 100 克

调料

植物油 30 克，盐、味精、胡椒粉、蒜、姜、料酒各适量

做法

1 鸭血切成 2 厘米见方的块，用开水焯熟备用；黄豆芽洗净，用开水焯熟。

2 锅里放油，四成热时放入姜丝、蒜片炒香，再把焯熟的鸭血放入用中火翻炒 1~2 分钟，动作要轻，以免把鸭血炒碎。加入盐和胡椒粉、料酒调味。

3 最后把韭菜和黄豆芽放入翻炒均匀，即可出锅。

风味鹅肠煲

材料

鹅肠 400 克，蒜薹适量

调料

盐 3 克，味精 1 克，醋 8 克，酱油 10 克，红椒、大蒜各适量

做法

1 鹅肠剪开洗净，切段；蒜薹洗净，切段；大蒜洗净，切片；红椒洗净，切条。

2 锅内注油烧热，放入鹅肠翻炒至变色后，注水并加入蒜薹、蒜片、红椒略煮。

3 加盐、醋、酱油煮至熟后，加入味精调味，起锅装碗即可。

豌豆凉粉鹅肠

材料

豌豆凉粉200克，鹅肠200克

调料

盐3克，味精1克，醋8克，酱油15克，香菜少许

做法

1 豌豆凉粉洗净，切块；鹅肠剪开，洗净，切成长段；香菜洗净。

2 内注水烧沸，下凉粉与鹅肠煮熟后，捞起沥干，并装入盘中。

3 用盐、味精、醋、酱油调成汁，浇在凉粉、鹅肠上，撒上香菜即可。

清酒鹅肝

材料

鹅肝 350 克

调料

清酒200克，白胡椒3克，盐 2 克，矿泉水 300 克

做法

1 鹅肝洗净；净锅注入矿泉水，加清酒、白胡椒、盐，加热至沸腾，制成汤料。

2 将鹅肝放入汤料中小火煮 40 分钟，至鹅肝入味后取出放凉。

3 冷却的鹅肝冷藏 2 小时后取出，切厚片装盘即可。

剁椒鹅肠

材料

鹅肠 350 克

调料

剁椒 10 克，葱 15 克，盐 3 克，红油、醋各 5 克

做法

1 鹅肠处理干净，切成条状；葱洗净，切花。

2 净锅上火，加入适量清水烧开，放入鹅肠煮至熟透，捞出沥干水分，加盐、红油、醋拌匀，装盘。

3 将剁椒、葱花放在鹅肠上即可。

干锅鱼杂

材料

鱼鳔、鱼子各适量

调料

盐3克，酱油15克，蒜苗适量，红椒、香菜各少许

做法

1 鱼鳔、鱼子洗净；蒜苗洗净，切段；红椒洗净，切圈；香菜洗净。

2 锅内注油烧热，放入鱼杂翻炒至变色后，加入蒜苗、红椒一起炒匀后，注水焖煮。

3 煮至熟后，加入盐、酱油调味，倒入干锅，撒上香菜即可。

芥味鱼皮

材料

鱼皮300克，芥末20克，红椒适量

调料

盐3克，醋8克，老抽10克，香菜少许

做法

1 鱼皮洗净，切丝；红椒洗净，切丝，用沸水焯一下；香菜洗净。

2 内注水烧沸，放入鱼皮汆熟后，捞起沥干装入盘中，再放入红椒。

3 将盐、醋、老抽、芥末拌匀成酱汁，倒入鱼皮中，拌匀撒上香菜即可。